现代农业新技术系列科普动漫丛书

胖婶养猪记

韩贵清　主编

中国农业出版社

本书编委会

主　　编　韩贵清

总 顾 问　唐　珂　赵本山

执行主编　刘　娣　马冬君

副 主 编　许　真　李禹尧

编创人员　张喜林　王　宁　何鑫淼

王文涛　冯艳忠　刘媛媛

袁　媛　丁　宁

前 言

黑龙江省农业科学院秉承“论文写在大地上，成果留在农民家”的创新理念，转变科研发展方式，成功开创了科技创新、成果转化和服务“三农”为一体的科技引领现代农业发展之路。

为了进一步提高农业科技知识的普及效率，针对目前农业生产与科技文化需求，创新科普形式，将科技与文化相融合，编创了以东北民俗文化为背景的《现代农业新技术系列科普动漫丛书》。本书为丛书之一，采用图文并茂的动画形式，运用写实、夸张、卡通、拟人手段，融合小品、二人转、快板书、顺口溜的语言形式，图解最新农业技术。力求做到农民喜欢看、看得懂、学得会、用得上，以实现科普作品的人性化、图片化和口袋化。

编 者

2016年11月

胖婶是福满屯出了名的养猪状元。特别是近两年，在黑龙江省农业科学院畜牧专家的帮助下，她把规模化养猪搞得是有声有色。胖婶听说自家的宝贝闺女交了个学畜牧专业的男朋友，并且小伙子还有意到养猪场竞聘场长，便打定了主意要对他进行双向考核。这未来的新场长、新姑爷头一回上门，就要碰到难题了！一场好戏即将上演。

福满屯

“哎呦胖婶，这大公猪可真漂亮、真结实啊！”邻居朱嫂指着胖婶家新来的种猪赞不绝口。胖婶得意地告诉她：“这是省农科院的刘老师专程帮我从国家核心种猪场选来的。”

见胖婶这般得意，同样是养猪专业户的朱嫂心里有些不服气。她撇撇嘴说道：“这大家伙再厉害，不也就是一头公猪吗！它还能天天配啊，不累死才怪。”

“这大家伙省饲料、长得快、出肉多，能采精、能输精。人家不出圈门，就能给你们家母猪配种。”胖婶现学现卖，当场给朱嫂上了一课。

说到高兴处，胖婶还忍不住哼唱着二人转小调，扭了起来。

朱嫂听得连连拍手叫好。胖婶告诉朱嫂：“我们家的新姑爷、新场长就要上门了，但是就看能不能过我这道关！”

朱嫂好奇地问她打算怎么考新姑爷，胖婶来了兴致，又高兴地唱了一段。

说曹操曹操就到，胖婶女儿巧花带着男朋友赵小乐高高兴兴地进了家门，并偷偷告诉小乐：“我妈要对你这个未来女婿和新场长进行双向考核。”

小乐让巧花放心，拍着胸脯保证自己一定能过关。赵小乐对胖婶赞赏有加，却完全没有发现未来丈母娘已经站在自己身后了。

巧花连忙给母亲介绍说：“妈，他就是赵小乐，高我一届，畜牧专业的研究生、刘老师的得意门生。”胖婶上下打量了一番眼前的年轻人，暗自想道：“小伙子看模样倒是挺斯文，但能不能当好自家姑爷和新场长，还得考验一番。”

为了考考小乐，胖婶把自己多年养猪总结的“四不怕”经验振振有词地念叨了一遍。并总结道：“有了这‘四不怕’才能把猪养好。大学生，你说呢？”

“大规模养猪不比从前的零散养猪，过去不规范的管理，非封闭的环境，不安全的引种，失败的防疫、免疫，病原微生物、各种病毒和细菌无处不在，猪群患病的风险极大。”小乐思考了一下，认真地回答道。

见小乐说得头头是道，胖婶虽然心里满意，嘴上却不饶人。小乐连忙解释说：“没有那么严重，只是‘四不怕’还不够，还要讲科学，把科学的养猪方法运用到建设、管理、养殖的每一个环节，才能养好猪、有效益。”

为了进一步考察小乐，胖婶邀请他到猪舍看看猪，实地讲解一下。他们首先来到监控室，通过视频查看了公猪舍、采精室和生长育肥室的总体情况。随后，进行消毒，换上防护服，进入到猪舍内。

“这就是刘老师送来的公猪吧，个头大、性欲好、遗传基因比较稳定，真是不错！”小乐站在一头膘肥体壮的公猪前说道。

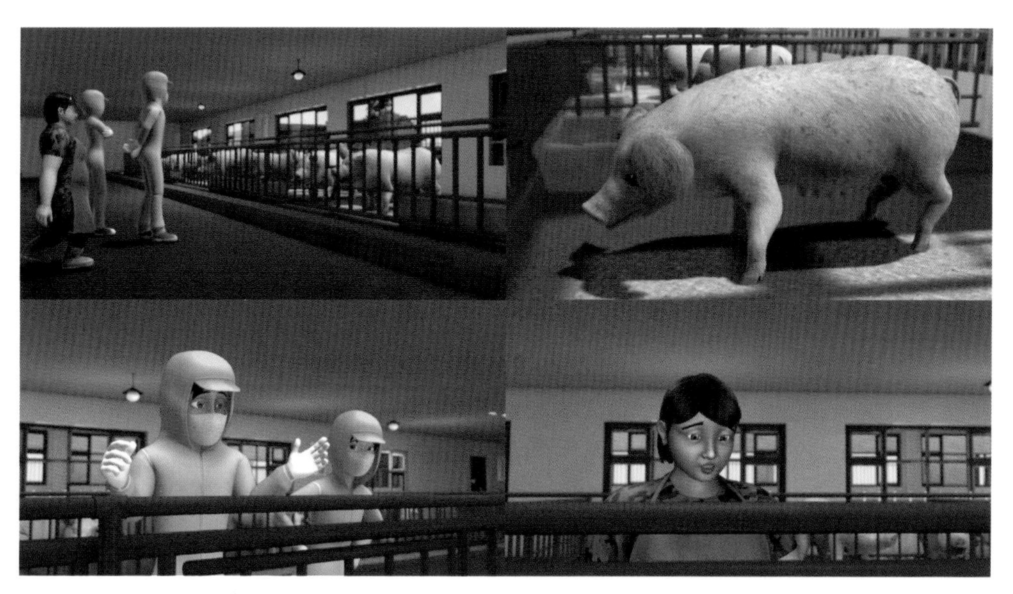

“这些是新进来的二元母猪吧，被毛粗乱、背腰不太平直、二目少神且有泪斑。总体看，不是太合格的母猪。”小乐又指着另一个栏内病殃殃的母猪说道。胖婶听了有些着急，小乐答应帮她检查一下具体得了什么病，再做些调理。

无论选购母猪还是公猪，都有标准和讲究。公猪应背毛顺滑，后躯结实，四肢粗壮，身体匀称，背腰平直，眼睛明亮而有神，腹部宽大而不下垂，且性欲强劲又易于驯化。

母猪的选择标准是：臀部丰满，阴门不上翘，乳头均匀、大小正常，乳头在6对以上。

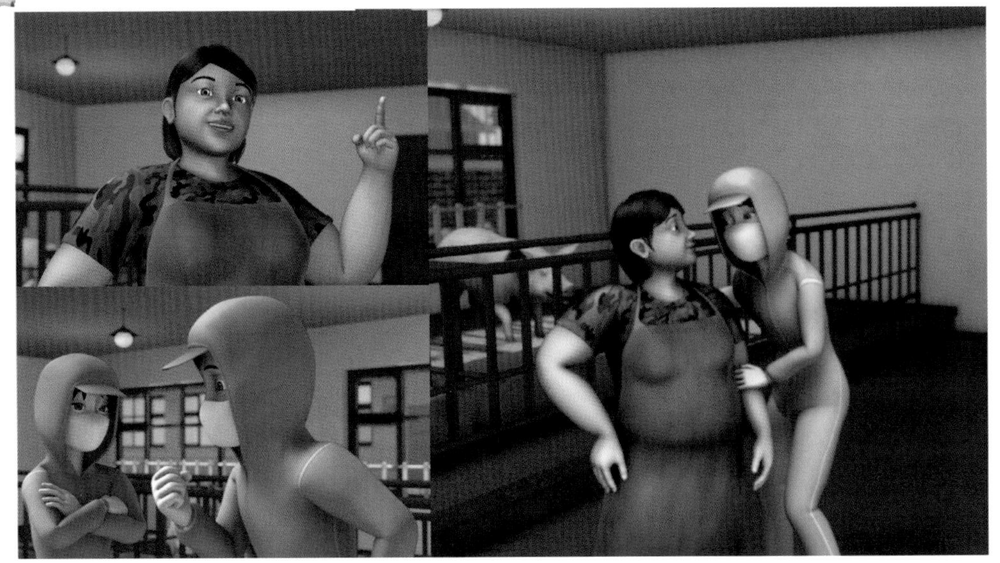

小乐告诉胖婶，养猪必须靠科技才能致富。“照你这么说，我还真不能小看了这公猪、母猪，小看了这养猪场。它是事业、大事业呀！”胖婶自己总结道。胖婶的一番话，逗得小乐和巧花哈哈大笑。

小乐夸胖婶一听就明白，与时俱进。可胖婶并不买账，还说要看看他的真本事。突然，胖婶指着一栏猪吃惊地说：“啊！这窝猪又拉稀了？”

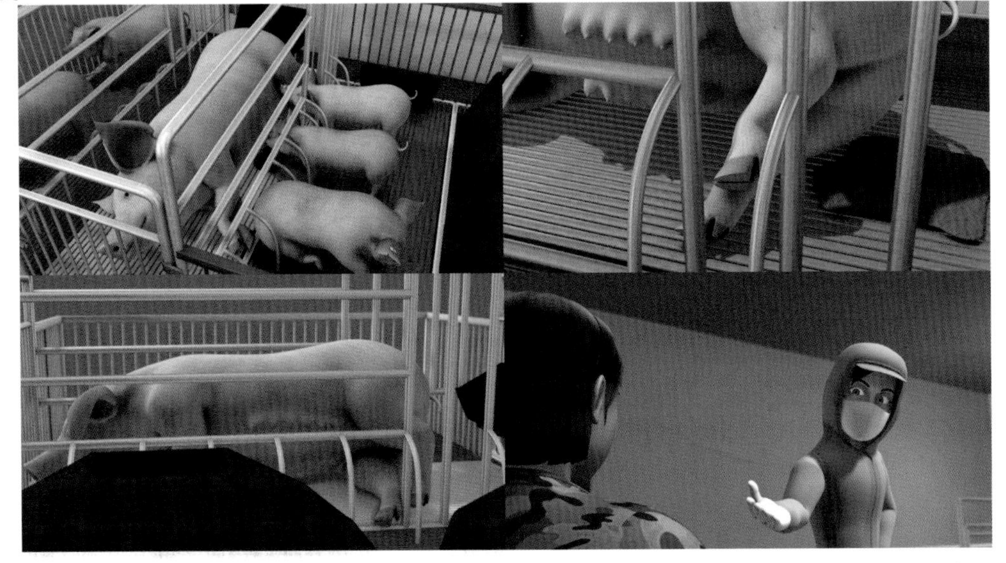

小乐观察了一下说道：“这是黄痢。拉黄色稀便，厌食，体温升高，要马上治疗，全面消毒，否则很容易全群感染。”

胖婶还想再考考小乐，便问道：“哺乳猪和保育猪的拉稀就不好治了，它们戗毛戗疵、瘦不拉几的，还驼背弓腰，你说我是扔还是治？”小乐告诉她：“这些猪的病症、病因、病原比较复杂，要查明病原，单从病症上看是不尽相同的。”

比如这头猪，是典型的僵猪，集药僵、病僵、食僵于一身。另一头猪有典型皮肤病的表现。

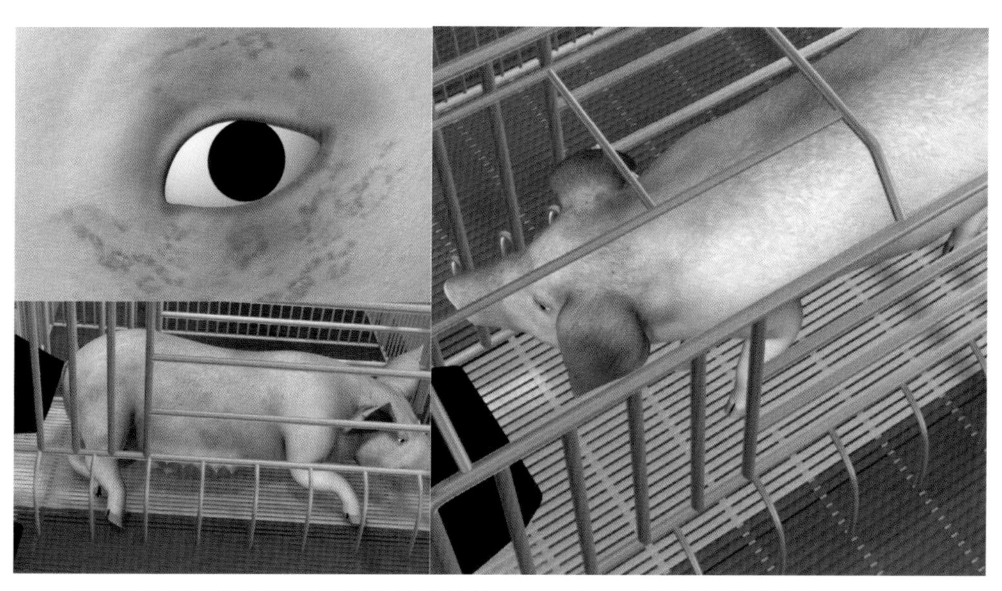

再看这头猪，既有猪附红细胞体病的特征，又有猪副嗜血杆菌病的表现。

“照你这么一说，我家的猪病不是长全了吗，这猪还能养吗？”胖婶有些不高兴了。小乐耐心地解释道：“当然能养！比您家猪场条件还好的猪场，或许这些病原、病症也照样存在，因为调理、控制、保健措施到位，没有暴发疾病，只是有着隐患和风险。”

小乐说：“胖婶的猪场没有暴发疾病，只是不多的小猪由于免疫状态不全，因而感染了病原体发病了。建议对猪场的所有猪群进行一次验血，找出病因，然后实施一系列的防治办法。他有信心把问题都找出来，并一一解决。

胖婶让小乐把常见的病症和用药方法帮她总结、归拢一下，好心里有数。小乐随口编了段顺口溜说道：“黄痢白痢拉稀便，氧氟庆大痢菌净；咳嗽感冒加流感，头孢噻呋钠注射液；传胸嗜血气喘病，头孢氟苯土霉素。”

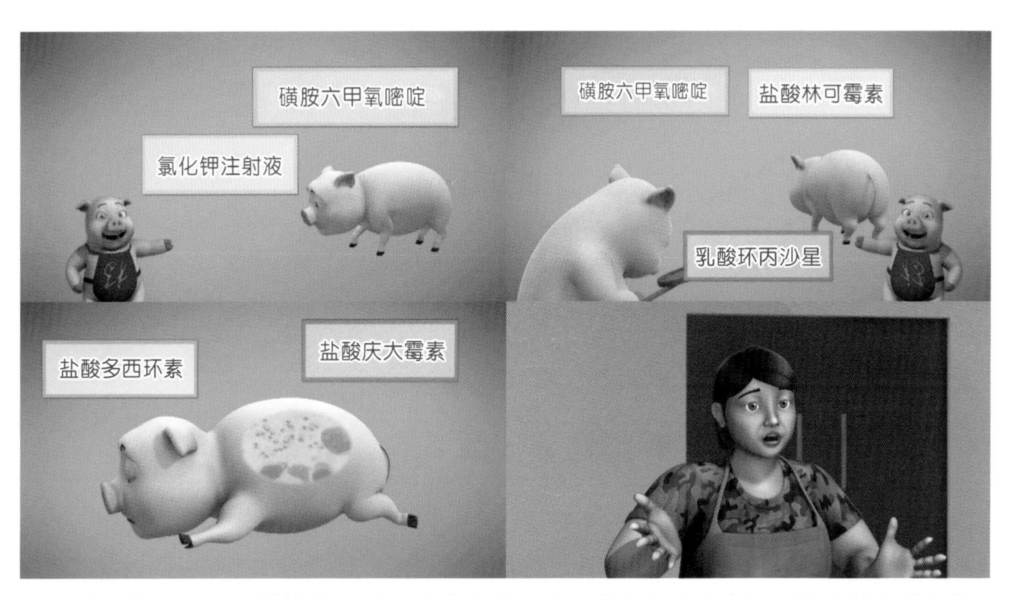

小乐想了一下又继续说：“丹毒肺疫猪脑炎，磺胺嘧啶和青钾；链球菌病附红体，林可环丙和磺胺；要是血液原虫病，就用六甲多西环。”这一大串内容胖婶哪里记得住，急得连连摇头。

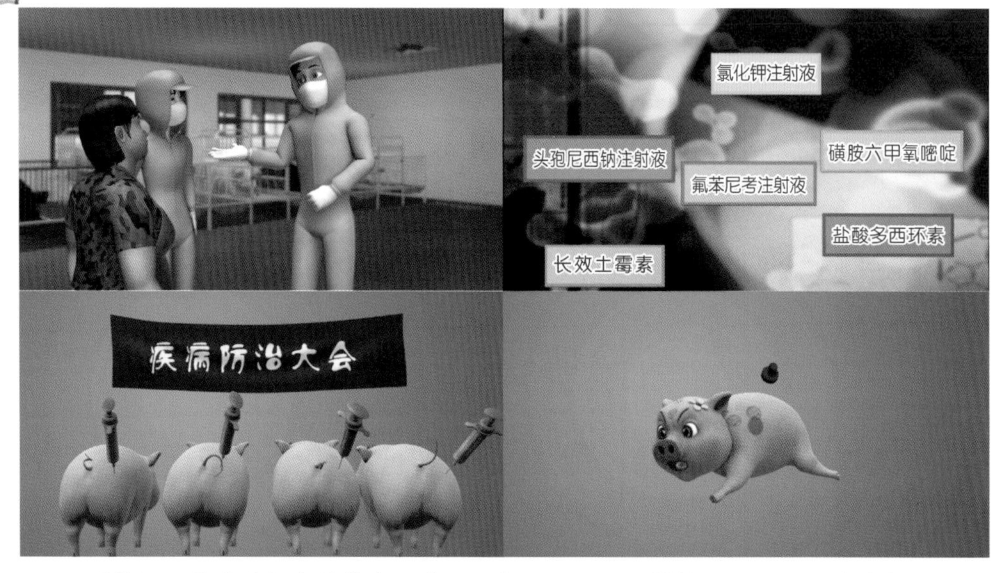

见胖婶记不住这些复杂的药名，小乐又想了段通俗易懂的顺口溜："这些药品并不全，治疗起来要增减；中西结合不能忘，黄芪多糖做保健；基础免疫是猪瘟，疫苗用好最关键；基础免疫是猪瘟，使用蓝耳要审验。"

“平时消毒不能忘，通风换气才安全；科学繁育和管理，新法养猪才赚钱！”这下胖婶全都听明白了，高兴得直拍手。

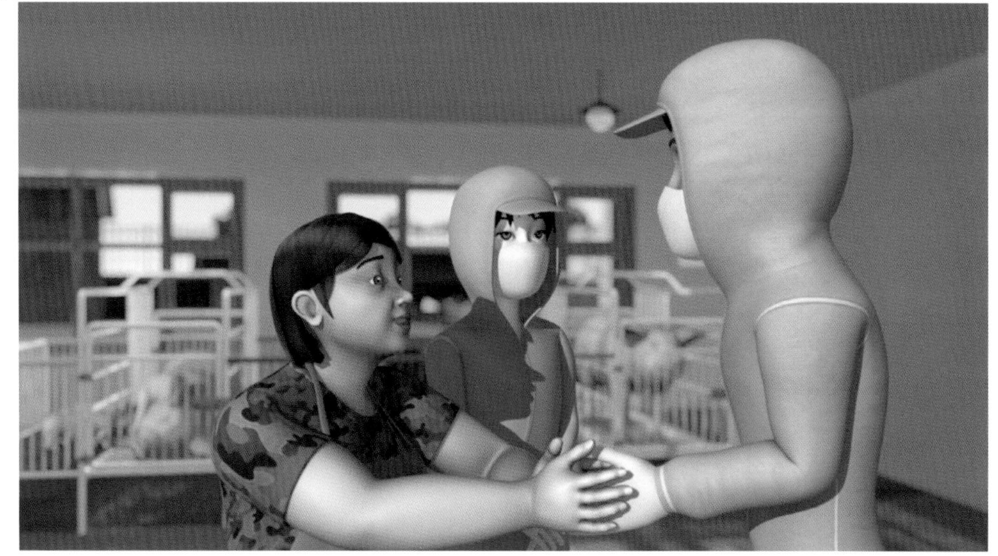

胖婶心里认下了这个新姑爷和新场长，一高兴便拉着小乐的手激动地问：“那你说，胖婶我走规模化猪场这条路走对了？一定能赚钱？”小乐告诉她：“不但走对了，而且还会享受不少政府的扶持政策。”

小乐告诉胖婶，能繁母猪给钱，盖规模化猪舍给钱，建种公猪站给钱，搞新品种繁育也给钱。至于具体给多少，要看猪场的规模有多大，带动农民致富的作用有多强。规模大、作用强，自然国家对您的猪场扶持力度就大。

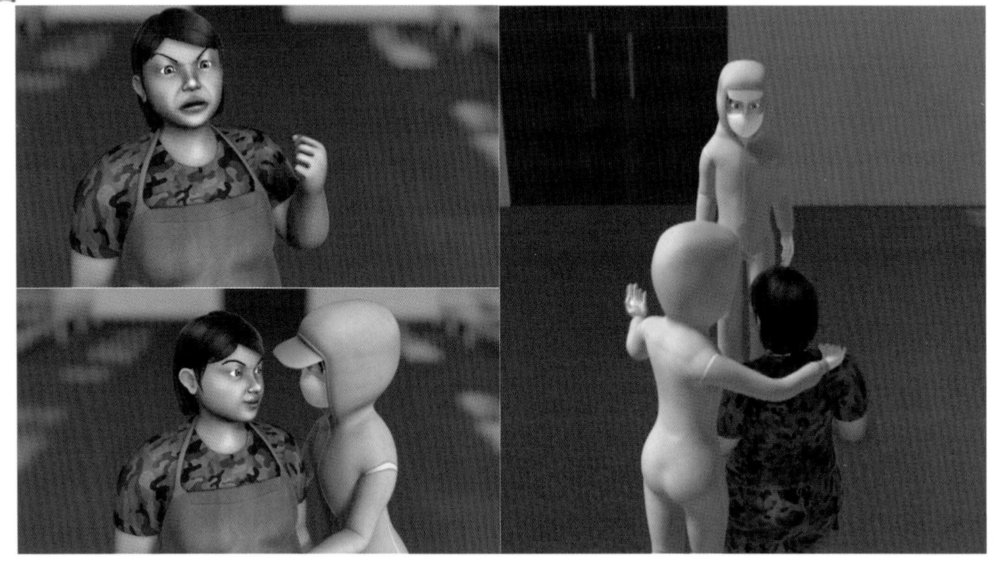

胖婶高兴地对小乐说：“我可是远近闻名的养猪状元。”巧花搂着母亲撒娇地说：“小乐知道，不然，人家刘老师能让那么好的种公猪落户咱们家吗？不然，小乐能应聘给您当场长吗？”“就给我当场长，不给你当对象？”胖婶乐呵呵地反问女儿，三个人都笑了起来。

几天后的一个早晨，胖婶又给小乐出了道题。让小乐算算现在的猪场能养多少母猪，能形成多大的生产规模？小乐给出的评价是规范实用。

猪场选址应考虑环保、社会等因素。符合规定要求，地势高燥，通风良好；交通便利，水电供应稳定，隔离条件良好；距离工厂、居民区及其他畜禽养殖场3千米以上。

猪场在总体布局上，应将生产区和生活区分开，净道与污道分开，两排猪舍前后间距应大于8米，左右间距应大于5米。严格管理，易于消毒防疫及功能区间的隔离。

“算你小乐看得准、说得对。咱们的猪舍是农科院专家帮助设计的，它也是我十几年养猪经验的体现，能不规范、不实用吗！”胖婶满意地说道。

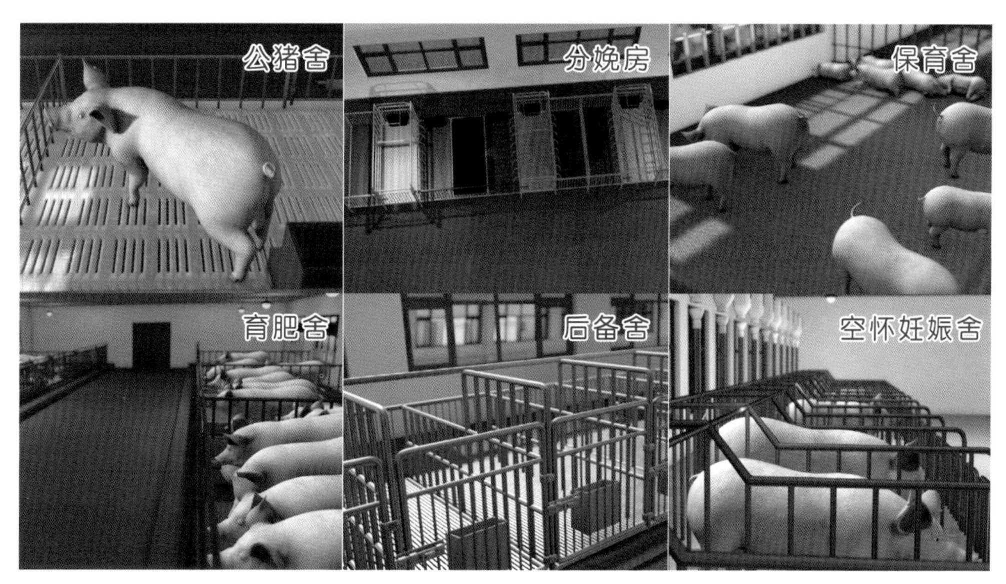

小乐告诉胖婶，建规范化的猪场要设计出公猪舍、分娩房、保育舍、育肥舍、后备舍和空怀妊娠舍。

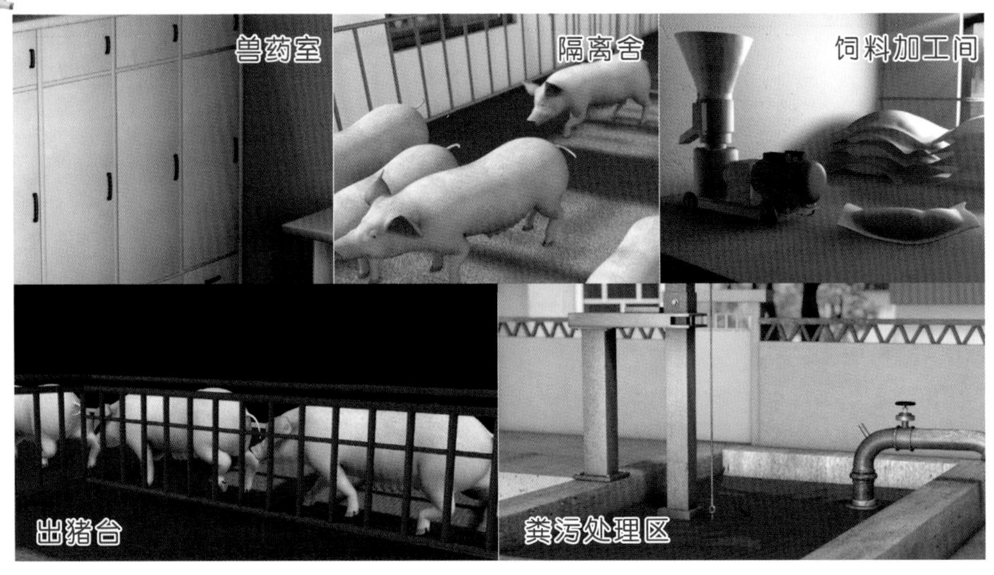

另外，还要有兽药室、隔离舍、饲料加工间、出猪台、粪污处理区等附属设施。

“说得真在行，没有的咱就差哪补哪。小乐呀，我现在对你是刮目相看了。”胖婶由衷地说。

趁着胖婶高兴，巧花连忙凑上来问母亲是不是同意了。胖婶说：“同意了。妈同意小乐做猪场的准场长。”“那还有呢？”巧花害羞地问道。“妈也同意小乐做你的准对象，我的准姑爷。”胖婶大声宣布。

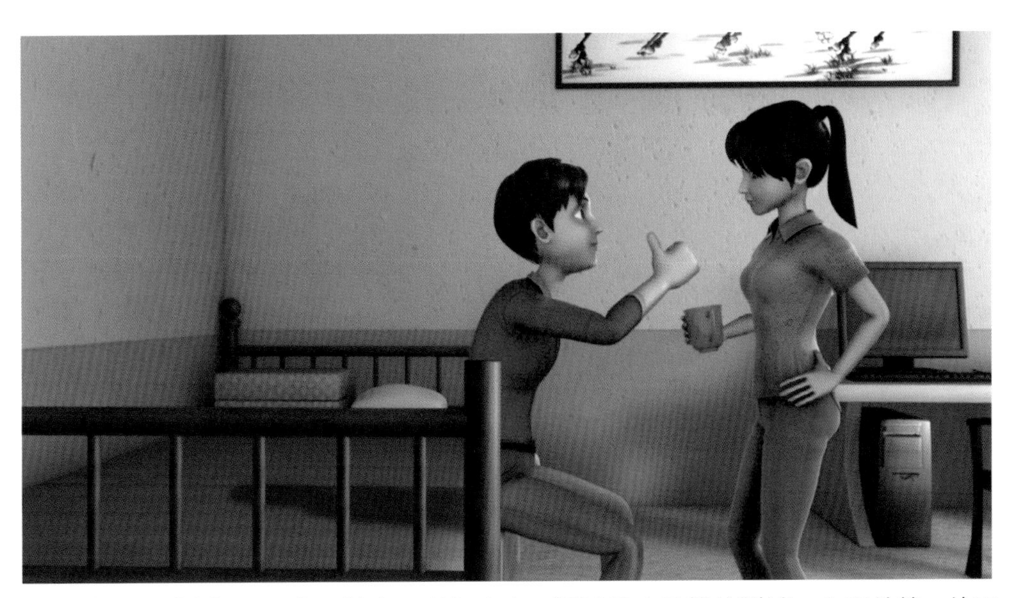

小乐回到房间，一坐下就大口喝起水来。通过了丈母娘的测试，心里总算一块石头落了地。可是仍然不敢大意，答应了胖婶第二天去朱嫂家帮忙给母猪做人工授精。于是，顾不上多休息，就拉着巧花开始做准备。

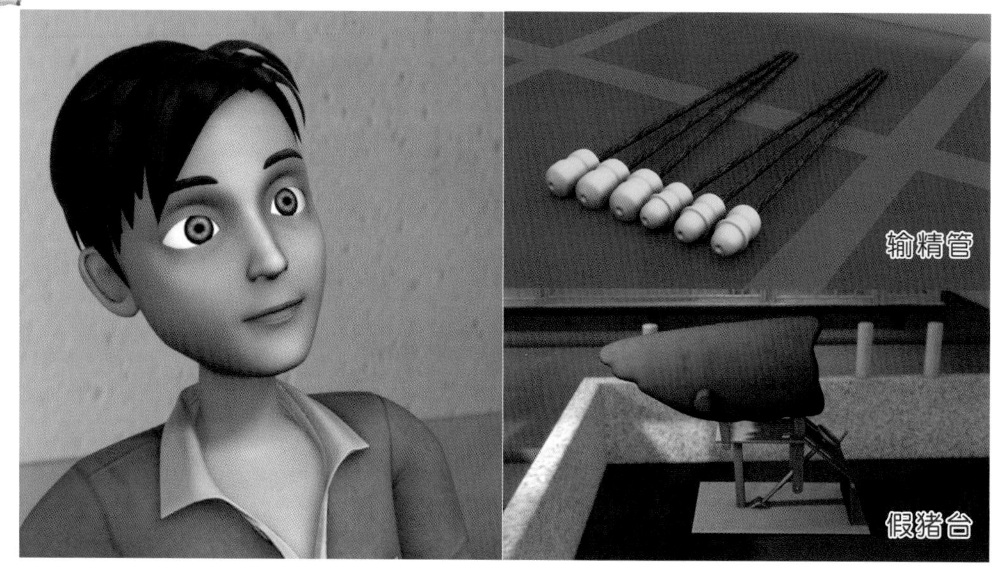

“第一步，小乐给巧花介绍了输精管、假猪台等人工授精需要用到的器皿和设备。”

“第二步，我们去采精、制备精液。我会把采精、制备精液、保管精液、运转精液的过程演示给你。”小乐对巧花说。

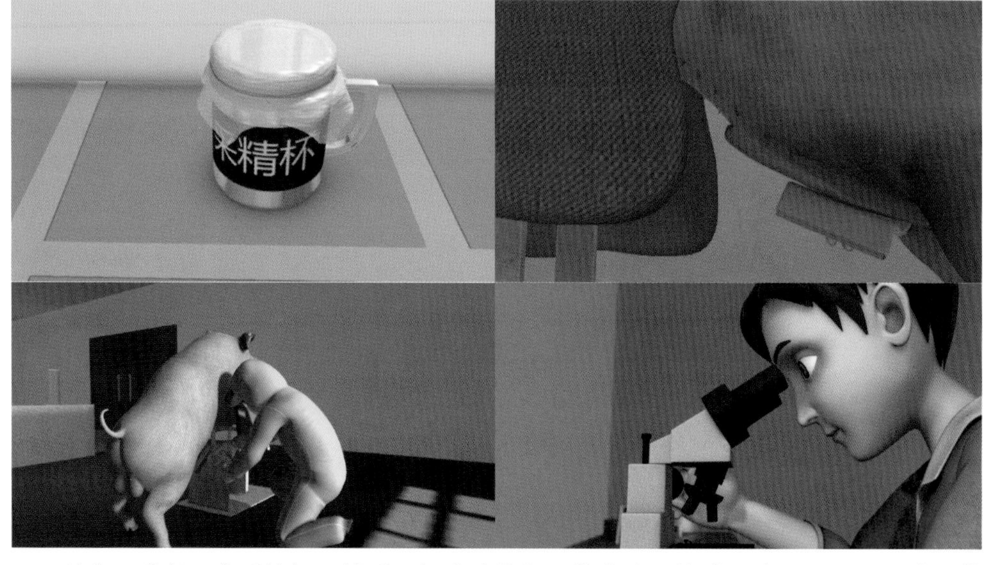

首先，准备一个采精杯；然后，把公猪腹部及外生殖器擦洗干净；再采取正确手势采精，避免灰尘、异物等进入采精杯；最后，对精液进行品质评定。

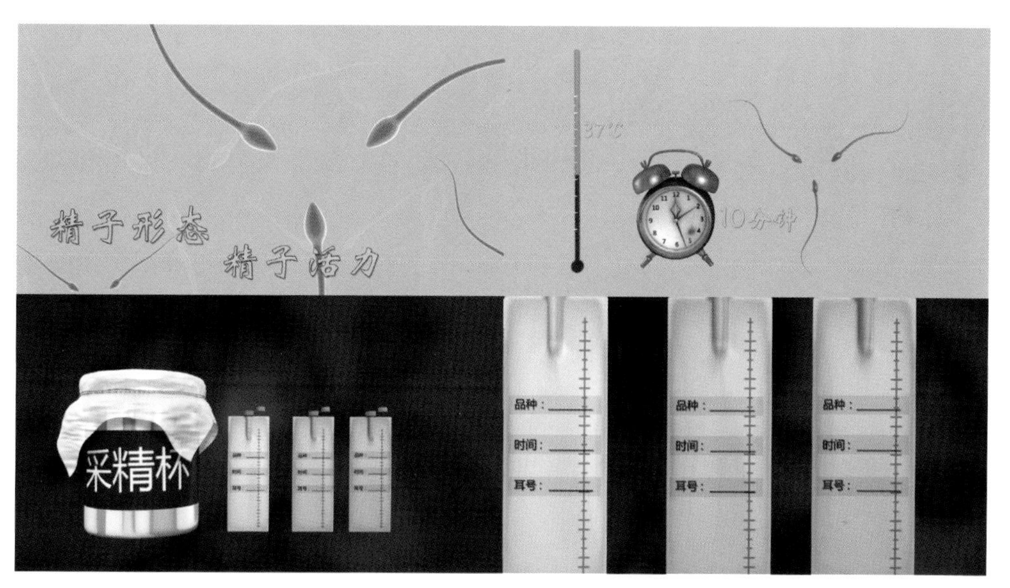

精液品质评定包括精液量、颜色、气味、密度、精子形态和精子活力6个指标。评定要在37℃、10分钟内完成。一次性采集精液量为150~200毫升。每份精液含有有效精子30亿个以上，分装每头份80~100毫升，标明公猪品种、耳号、时间等信息。

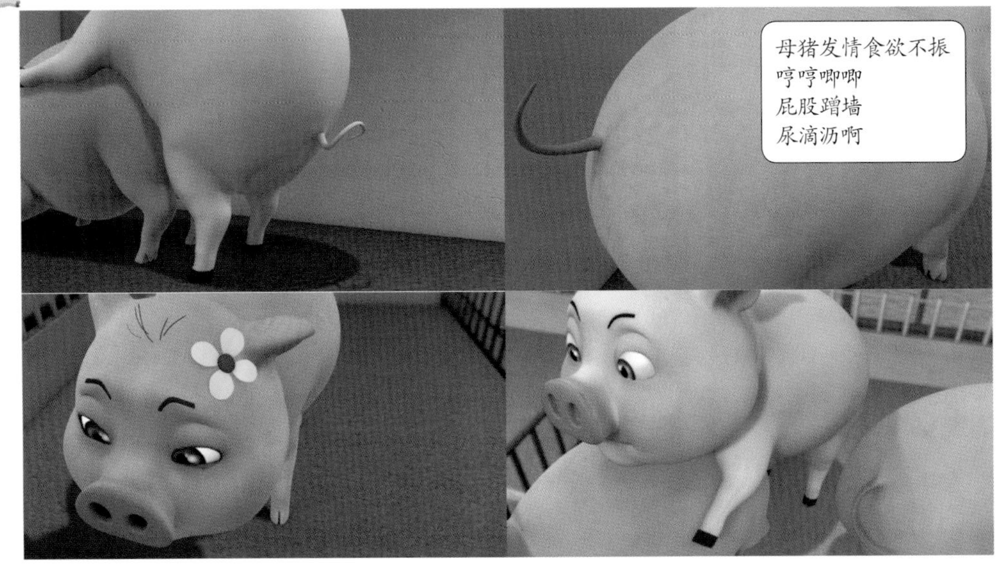

随后，小乐又把母猪处于发情期的主要特征告诉了巧花。

这样配种的效果较好，隔天再配一次受孕率高。

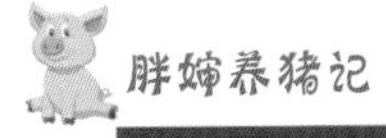

第二天一早儿，胖婶带着小乐和巧花来到朱嫂家的猪舍。朱嫂迎上去高兴地说：“正好，正好，我的母猪正在发情，你们就来了，快请进来。”

小乐说朱嫂家的母猪都是3~4产母猪，可以适当晚些配种。“光说配种，那头大白公猪不来，你们拿啥配？”朱嫂左右看看，奇怪地问。

“拿它配，人工授精。”小乐举了举手上的精液储存保温箱。“这能行吗？”朱嫂将信将疑。

小乐告诉她保证能行，而且后代一定会更好、更健康！并让朱嫂看仔细了，以后可以自己给母猪人工授精。

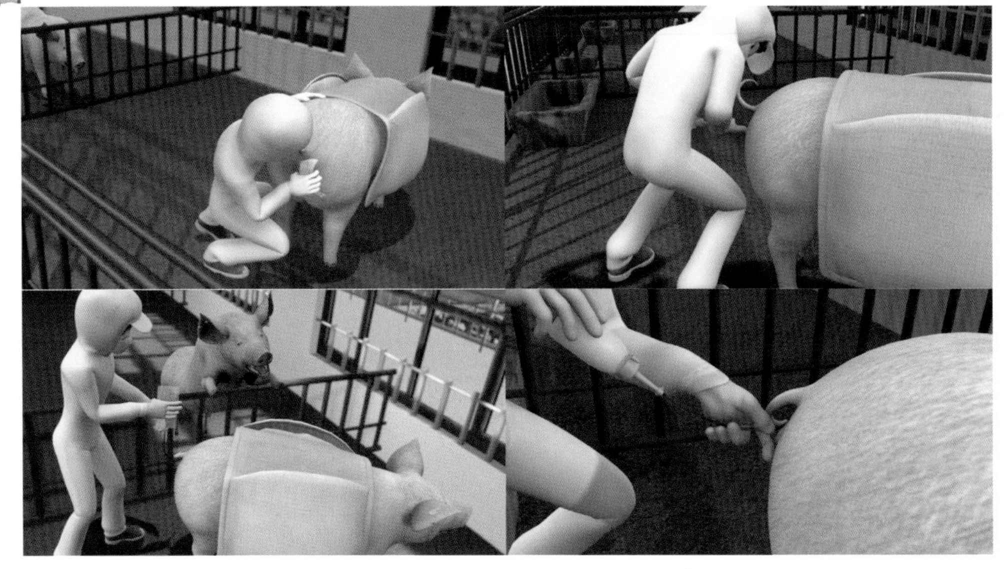

经过一番操作，小乐很快便顺利完成了人工授精的全部流程。

“这么快就完事了？”朱嫂问。小乐告诉她：“为了保险起见，第二天还要再输精一次。之后就要观察已输精母猪的反应、动态。21天后，它开始嗜睡、贪吃、长胖，且没有再出现发情的迹象，那就是配种成功了。”

在母猪怀孕期间，一是饲料要搭配好。切记不要让它吃得过饱，那样会出现早产或流产。二是预产时间要推算好。时间推算：如配种后114天左右，也就是我说的受精后3个月、3周再加3天。三是母猪的生产日。要及时分栏待产，提前20天，开始饲喂哺乳料。

四是产前工作要准备好。母猪、仔猪的环境要保温、不潮湿、无贼风、安静。同时，给予产后母猪、仔猪做好必要的保健。

朱嫂索性打破砂锅问到底，问小乐怎么样养猪才能挣钱、多挣钱？“您这个问题的确是个大问题。想养猪挣钱、多挣钱，关键点有3个。”小乐笑呵呵地说道。

一是养好猪，养良种猪，养特色猪；二是防好猪病、治好猪病，通过科学管理和环境控制，提升猪群的免疫力、抵抗力，制订合理的饲养方案；三是掌握好市场信息和政策走向，适当增减，就能稳赚。

小乐建议朱嫂加入养猪合作社，这样和大家一起养猪、一起致富。只有规模化养猪，才能把产业做大、做强。

胖婶家的猪场里，小乐把几头公猪赶到院子里的种猪运动场，让猪随着广场舞音乐进行运动。村民们被音乐吸引过来，站在猪场铁栅栏外看热闹。

胖婶走出来，对邻居们得意地说：“以后呀，我们猪场不仅要让种猪跳广场舞，还要让育肥猪也跳广场舞。这样，它们会心情好，长速快，肉质好，少闹毛病。”

巧花问小乐："种公猪需要运动这么长时间？"小乐解释说："种猪在10月龄以上，每周配种2~3次。这期间，不仅要补充青绿饲料、蛋白饲料、维生素饲料，还要经常运动，最好每天运动2千米左右，以保证有良好的遗传基因，提高后代的生产、生长性能。"

猪舍内，小乐一会儿用消毒机冲洗猪舍，一会儿又在猪身上涂涂抹抹。原来，猪场不仅要给猪舍经常空舍消毒、带猪消毒、体内驱虫，还要给患了皮肤病的猪进行体外驱虫。

小乐打电话给农科院的王老师，拜托对方帮忙检验猪场酒糟和豆腐渣的营养含量，并帮助制定合适的饲料配方。王老师答应帮忙，并告诉小乐，畜牧专家刘老师明天要到县里给规模化猪场的技术人员讲课。

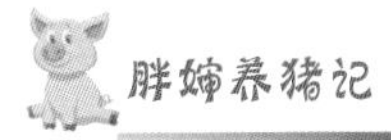

第二天上午，专家大院的教室座无虚席，赵小乐和养猪户们聚精会神地听刘老师给大家讲课，并不时记着笔记。

刘老师说：“养猪的一句格言‘初生定乾坤，断奶决胜负’。要用先进的理念和方法发展养猪产业，有特色生态养猪、绿色环保养猪、种养互作养殖模式，猪场的粪便还田生产绿色作物，绿色农作物喂猪，生物链上形成健康种养互作模式。”

公猪养殖要不肥不瘦八成膘，母猪养殖要分阶段饲养。配种前要增加饲料3~3.5千克，配种后前期饲喂量略减少，后期逐渐增加，直到产仔前3~4天开始逐渐转换饲喂哺乳期，2天后每头母猪按照3千克基础量计算每带1头仔猪加0.4千克，断奶后3~7天内就发情。

转眼临近春节，胖婶家猪舍产房内，小乐正小心翼翼地给母猪接产，嘴里还念念有词。

猪露头、伸手抓，赶快掏嘴抹布擦。断犬齿、捆脐带，这些步骤都要快。吃初乳、小猪壮，母源免疫把病抗。大放后、小放前，乳头固定小猪匀。

这时，刘老师从外面走了进来，胖婶连忙迎上前高兴地说：“刘老师您来了。快看看这小猪崽多可爱啊，它们可都是您送来的大白公猪的优良后代呀！”

刘老师拉着胖婶的手说：“现在您的猪场，可真是芝麻开花节节高了，这回您可是发家喽！”

我们的故事到这儿就要结束了，胖婶如愿以偿地聘到了好场长、找到了好女婿，实现了发家致富。福满屯也改名叫猪满屯了，全屯子的养猪户都走上了依靠科技养猪发家致富的道路。

图书在版编目(CIP)数据

胖婶养猪记 / 韩贵清主编. —北京 : 中国农业出版社, 2017.7
(现代农业新技术系列科普动漫丛书)
ISBN 978-7-109-22819-1

I. ①胖… II. ①韩… III. ①养猪学 IV. ①S828

中国版本图书馆CIP数据核字(2017)第063447号

中国农业出版社出版
(北京市朝阳区麦子店街18号楼)
(邮政编码 100125)
责任编辑 刘 伟 杨桂华

中国农业出版社印刷厂印刷 新华书店北京发行所发行
2017年7月第1版 2017年7月北京第1次印刷

开本: 787mm×1092mm 1/32 印张: 2.5
字数: 70千字
定价: 18.00元